西日本 最古級 シルル紀（約4億30
宮崎県五ヶ瀬町 祇園山のサンゴ化石群

【宮崎県五ヶ瀬町祇園山《ぎおんやま》の床板《しょうばん》サンゴ化石群】

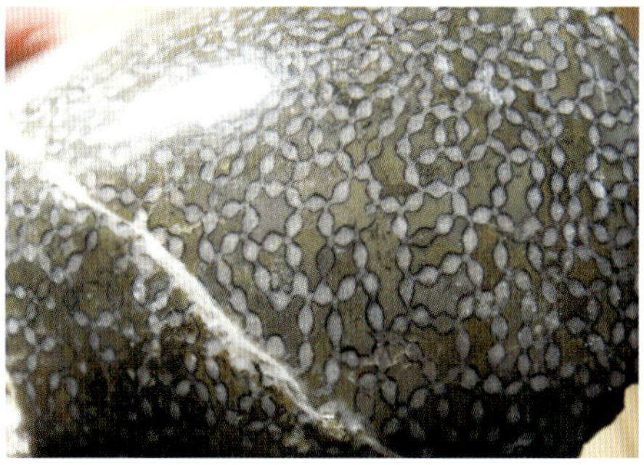

祇園山を代表するクサリサンゴ（*Halysites kuraokensis*〈Hamada〉） 左右12センチの群体、研磨標本

五ヶ瀬町鞍岡からの祇園山全景（標高1307メートル）

九州のほぼ中央、宮崎県五ヶ瀬町鞍岡《くらおか》にそびえる祇園山は、古生代シルル紀当時、赤道に近い位置にあり、サンゴ礁が広がる浅い海だったと考えられている。

西南日本の中でも、東西方向に細長く帯状に分布する黒瀬川帯と呼ばれるエリアには、シルル紀化石の産地が点在する。祇園山もその黒瀬川帯にあり、産出化石の豊富さから、横倉山（高知県）と並び、国内有数のシルル紀化石産地として知られている。

祇園山のシルル紀石灰岩中には、クサリサンゴやハチノスサンゴの仲間を代表とする床板サンゴ類（まるで竹の節のように、内部に床板をもつサンゴの仲間）の化石が豊富に含まれることが知られている。近年の研究で、新種記載されたシリンゴポーラ・ウツノミヤイを含む、クダサンゴの仲間や、アルヴェオリテスと呼ばれる奇妙な床板サンゴの仲間も、数多く化石群に含まれていることがわかってきた。祇園山は、シルル紀の赤道付近の海洋生物相を知るうえで、今後も新たな発見の可能性を秘めた貴重な化石産地といえよう。

宇都宮聡（うつのみや さとし）**化石ハンター、パナソニック（株）**

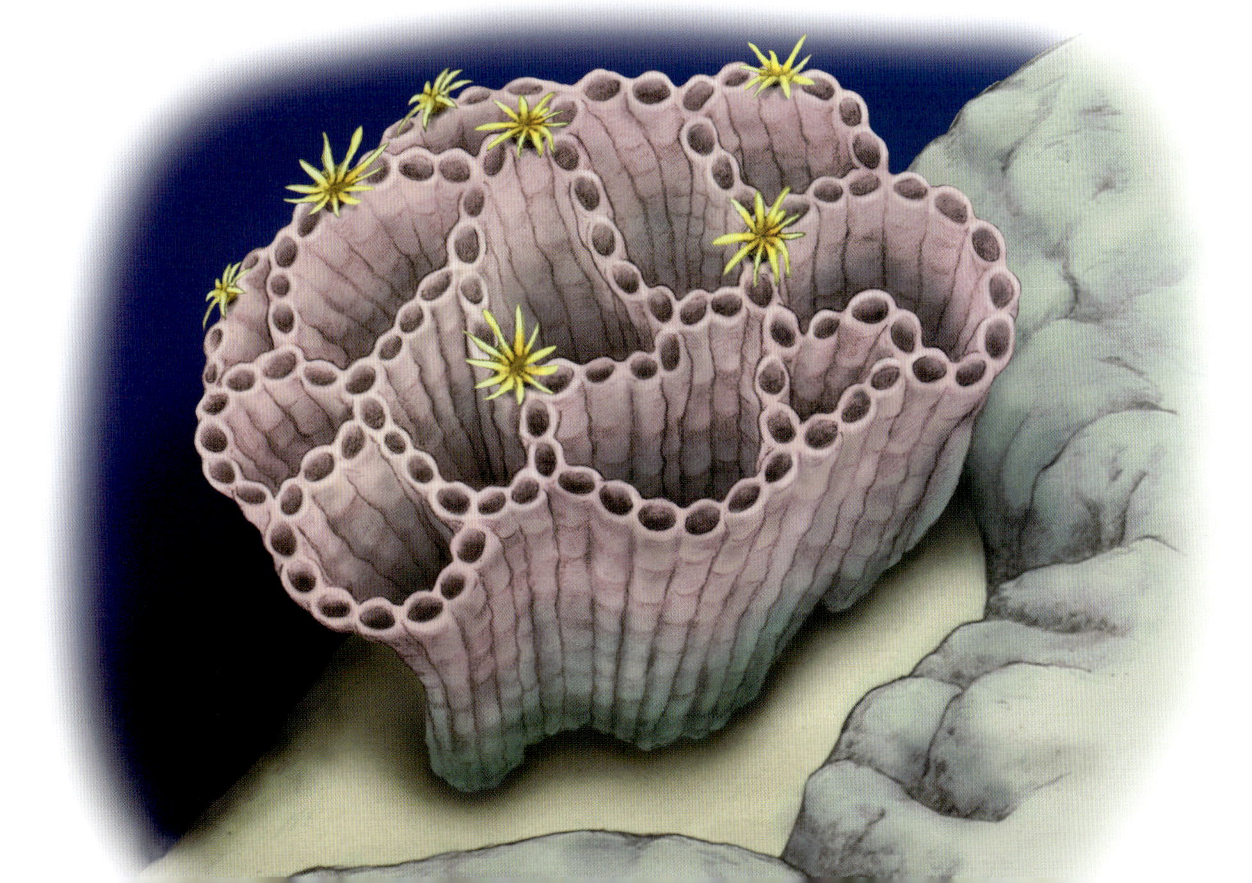

サツマウツノミヤリュウの泳ぐ海

【鹿児島県長島町獅子島《ししじま》から産出した長頸竜*化石（サツマウツノミヤリュウ）】

この長頸竜化石は2004年2月に鹿児島県長島町（当時は東町）の獅子島南西部幣串《へぐし》地区の海岸で宇都宮聡氏により発見された。2004年8月から2006年1月、東町と高知大学理学部の協力の下に発掘地点周辺の調査が行われた。その結果、共産したアンモナイト化石などから、この標本の産出年代は白亜紀後期セノマン期前期（約9800万年前）と推定された。本標本は、長頸竜目プレシオサウルス上科エラスモサウルス科に同定され、フタバスズキリュウ（*Futabasaurus suzukii*《フタバサウルス・スズキイ》）に次いで保存のよい下顎をもつ、九州から初めて発見された重要な長頸竜化石である。

＊一般名「クビナガリュウ」

仲谷英夫（なかや ひでお）**鹿児島大学**

鹿児島県長島町獅子島の海岸でサツマウツノミヤリュウ化石を発掘中の風景
満潮時には海面下になる産地で、発掘は困難をきわめた。

時代決定の決め手になったアンモナイト（グレイソニテス）
長径22センチ。白亜紀後期セノマン期前期（約9800万年前）

サツマウツノミヤリュウ発見秘話

アンモナイトの化石を見つけるべく訪れた鹿児島県北部、水俣湾に浮かぶ獅子島幣串の海岸には、白亜紀後期セノマン期前期の地層が広がる。化石採集家にとって、多数の化石を簡単に採集することができる夢のような場所だ。

私はグレイソニテスという、多数の棘《とげ》をもつ魅力的なアンモナイトを、海岸の地層から採集した。帰りのフェリーを待つ間、少し採集場所を変え、重いリュックを下ろした。屈んだ目線の先、波に洗われて露出した地層面に、多孔質のクビナガリュウの骨が埋まっていた。

鹿児島県東町が編成した調査隊による発掘は、満潮時には海面下になる過酷な現場環境にもかかわらず、多数の骨化石を回収した。その中には、福島県で発見されたフタバスズキリュウに次いで保存状態の良い、下顎も含まれていた。この化石は、鹿児島の旧称である「薩摩」と発見者名とを組み合わせて、「サツマウツノミヤリュウ」と呼ばれている。

宇都宮聡（うつのみや さとし）**化石ハンター、パナソニック(株)**

クビナガリュウの歯骨（下顎）の化石
細長い歯が並ぶ。通常、死骸が化石になる過程で歯は外れやすい。本標本の保存状態は、国内ではフタバスズキリュウに次いで良好である。

近畿で発見されたモササウルス類

⬆大阪府泉南市で化石が発見された、日本最大級のモササウルス類
プログナソドン近縁種
白亜紀マストリヒト期
（約7200万～6600万年前）

⬆和歌山県鳥屋城山で発見された国内で最も保存状態の良いモササウルス類
白亜紀カンパン期
（約8300万～7200万年前）

【和歌山県鳥屋城山《とやじょうさん》で発見された国内で最も保存状態の良いモササウルス類】

2006年2月、和歌山県有田川町の鳥屋城山でモササウルス類の化石が発見された。当初は椎骨《ついこつ》が数点集合した状態の化石と思われていたが、その後行われた発掘調査で予想以上に多量の骨化石が採取され、現在までに20個以上連続した状態の椎骨や肋骨《ろっこつ》、前《ぜん》・後肢《こうし》骨《こつ》、下顎骨《かがくこつ》などが確認されている。この標本のクリーニングは現在も継続中で、完了までにあと数年はかかる見通しである。モササウルス類としては精度の高い全身骨格復元が可能となる日本で唯一の標本になると思われ、研究者の間で注目を集めつつある。

小原正顕（おはら まさあき）**和歌山県立自然博物館**

【大阪府泉南市の和泉層群から産出した大型モササウルス類（モササウルス亜科・属種未定）の顎化石】

モササウルス類は約1億〜6600万年前の白亜紀後期の海に栄えた大型爬虫類であり、現在のヘビやトカゲと同じ爬虫類の仲間・有鱗類《ゆうりんるい》に属す。日本は太平洋北西地域において唯一のモササウルス類化石の産出国であり、これまで北海道や近畿地方を中心に40点あまりの化石が報告されてきた。最近、大阪府南部の泉南市からモササウルス類の顎の断片化石が発見された。縦横の幅が8.5センチ×4.2センチと大型で、顎全体では推定長が1.2〜1.3メートルにもなる。一見滑らかな歯の表面を拡大すると網目状のでこぼこ構造が観察されるが、これは硬い獲物を噛み砕くための構造だったと考えられている。泉南市の標本は、同じような歯と短く頑丈な顎を備えたプログナソドンというモササウルス類に近縁だったと考えられるが、その中でもより進化し大型化した後期のグループに近かっただろう。ほかのモササウルス類に比べ、ウミガメやアンモナイトなどのより硬殻質の獲物も頻繁に襲って食べていたと思われる。

小西卓哉（こにしたくや）
カナダ・アルバータ州立大学

プログナソドン近縁種顎化石発見の瞬間

大阪府泉南市の山中に分布する白亜紀層を穿つ小川の転石として採集。

泉南市山中の人造池にそそぐ小川から化石は採集された。

和歌山県鳥屋城山で発見されたモササウルス類

モササウルス類の鰭《ひれ》化石。ほぼ指先まで確認できる。

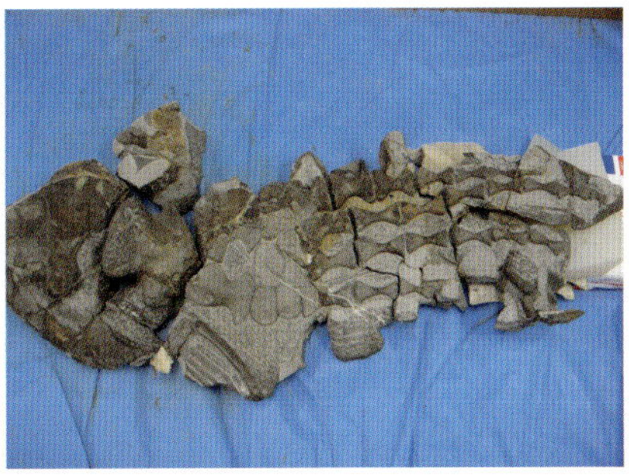

モササウルス類の顎に、鋭い歯化石が並ぶのが観察できる。

マチカネワニの最新情報

【マチカネワニ】

約50万年前に大阪に棲んでいた、体長７メートルの巨大なトミストマ亜科のワニ。頭の大きさだけで１メートルを超える。マチカネワニは、東南アジアに棲むマレーガビアルに近いと考えられ、魚食性にも優れていた可能性が高い。格闘の末に怪我をし、骨折した痕が残っている。怪我の痕が多いことから、縄張り争いをしていたと考えられ、オスワニであったこともわかっている。

小林快次（こばやし よしつぐ）**北海道大学総合博物館 兼 大阪大学総合学術博物館**

⬆マチカネワニ
推定７メートルの体長

⬆キシワダワニ
推定６メートル程度の体長

約60万年前

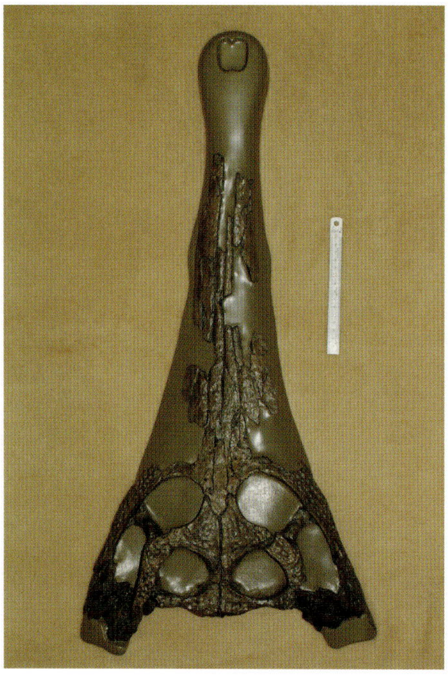

キシワダワニの頭蓋《とうがい》化石レプリカ
大阪府岸和田市の約60万年前の地層から発見された
マチカネワニより原始的なトミストマ亜科のワニ化石。

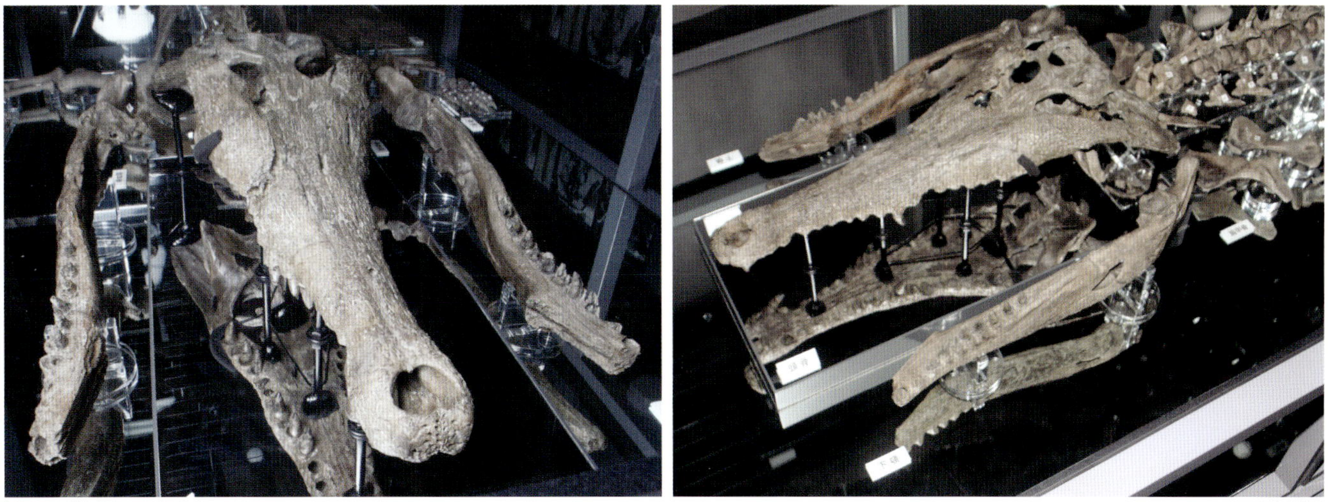

マチカネワニ化石の頭骨部分
上顎歯７番目が大きいのがマチカネワニ独自の特徴である。

【キシワダワニ】

数十万年前の大阪近辺には、たくさんのワニが棲んでいたことが知られている。その一つがこのキシワダワニである。マチカネワニよりも小さく、マチカネワニに似ていることが指摘されてきた。しかし、詳細にわたって比較してみると、マチカネワニとは異なった特徴が見られる。マチカネワニと同じトミストマ亜科に属すが、キシワダワニのほうがより原始的である可能性が高い。

小林快次（こばやしよしつぐ）**北海道大学総合博物館 兼 大阪大学総合学術博物館**

国内最大級の大型獣脚類の歯化石

手取層群赤岩層（白亜紀バーレム期にできた地層／約1億3000万年前）より産出。
化石部分の長さは8.2センチ、完全な獣脚類歯化石としては国内最大級の大きさ。

転石中に欠けた歯の一部が露出していた。
指さした先に歯化石が埋まっているのが確認できる。

大型獣脚類化石発見秘話

石川県白山市手取川上流の赤岩層分布域で化石採集していた私は、タニシなどを多く含む泥岩を、ハンマーで小割りしている際、奇妙な化石を発見した。薄い板状の骨で、同行していた専門家によって、すぐにカメの甲羅の一部の化石と判明した。恐竜化石は、よく淡水棲の貝類やカメ・ワニの化石とともに産出する。恐竜発見は近いと考え、後日、さらに川の上流を探索した。しかし化石を含む泥岩の転石はなかなか発見できない。昼食時、オーソコーツァイト（正《せい》珪《けい》石《せき》*）を多量に含む巨大な砂岩の転石に腰かけ、おにぎりをほおばりながら、ふと視線を下ろした。なんと、その巨岩の根元に化石を含んでいそうな泥岩があるではないか。近寄ると、多量のタニシや二枚貝（テトリニッポノナイア）を含んでいる。すばらしい石だと裏返したその瞬間、私の目はある一点に釘づけになった。恐竜の歯の一部が露出していたのだ。慎重にまわりの岩を割ると、鋭くとがった巨大な歯が姿を現した。感動で震える指で化石をつかみながら、思わず白山の山の神に頭を垂れた。

白山付近の遠景
白山周辺には手取層群の地層が分布している。未知の恐竜化石が埋まっているかもしれない。

＊太古の大陸で形成された石英の粒が固まってできた岩礫。

宇都宮 聡（うつのみや さとし）**化石ハンター、パナソニック（株）**

石川県白山市桑島には、恐竜が多産する手取層群が露出している。ここからは、植物食恐竜（アルバロフォサウルスやイグアノドン類）や獣脚類の化石などが発見されている。桑島から発見されている獣脚類の歯は、遊離したもので、どの恐竜のものか同定するのは難しい。歯の大きさ（幅・長さ・高さ）、歯冠の頂点の位置、鋸歯の分布や密度といった特徴を比べることで、ある程度の同定も可能になることもある。この歯は、手取層群から発見されるものの中でもかなり大きい方で、中型から大型の恐竜の歯であることがわかる。

小林快次（こばやしよしつぐ）**北海道大学総合博物館 兼 大阪大学総合学術博物館**

古生物イラストレーター川崎悟司 最新描

オルドビス紀の海

日本で最古の化石はオルドビス紀（約4億5000万年前）の地層から発見された。
この時代の浅い海はたいへん暖かくサンゴ礁の広がる豊かな海であった。

竜たちの渡り

恐竜には、今の鳥のように季節的な「渡り」の習性があったといわれている。
おそらく、恐竜のほか、その時代にいた鳥や翼竜も同じ方向へ大移動していたのかもしれない。

ろし

プログナソドン、モサアタック

恐竜のいた白亜紀後期、海の中では現在のシャチがアザラシを襲うように、海に適応した巨大なトカゲ、モササウルス類が長頸竜の仲間ポリコティルスを捕食していたかもしれない。

日本の異常巻きアンモナイト

白亜紀も後期に入ると、世界中の海で異常巻きアンモナイトが大繁栄する。日本でも複雑な巻き方をした殻をもつアンモナイトの化石が多く産出しており、それらの中でも特に、北海道で産出するニッポニテス（右下）は有名である。

リプロダクション × アート
―再現芸術―

恐竜の足跡原型

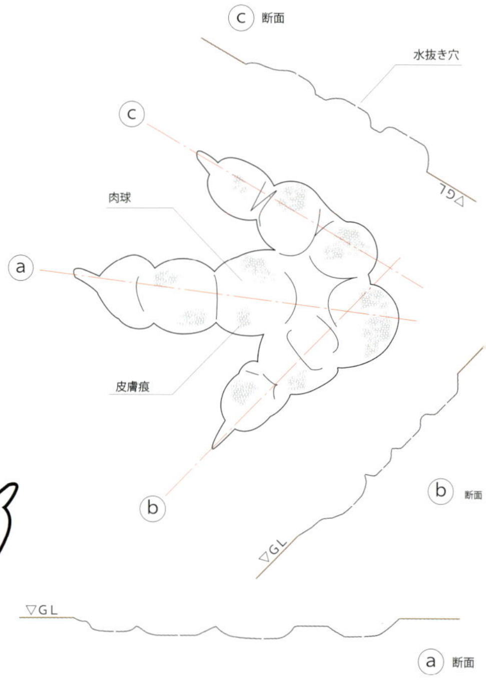

凹み深さ GL より ab.50～100mm

型取り技法から再現芸術*へ

型取り技法とは、①まず粘土などの可塑素材を用いモデリング、カービングを繰り返し原型を作る、②その原型から直接、雌《め》型《がた》をおこしほかの素材（樹脂、金属、セメントなど）に置き換えることで作品の恒久性なり普遍性につなげる、というものです。型取り材料も、古くは寒天やゼラチンから石膏、樹脂、シリコンへと多様に進化し、精度を高めています。本来は造形のための技法が、今回のアロサウルスの足型制作につながるとは何とも不思議な気持ちです。この機会にいっそう高い完成度を目指し、再現芸術の領域に達したいと願う次第です。

＊風景、人体などの自然に存在するものを写実的に再現する芸術。

柴田純生（しばた すみお）

京都造形芸術大学教授
京都市立芸術大学大学院彫刻科修了
第32回京都市美術展市長賞、第11回京都美術展大賞、第13回アートビエンナーレ大賞、第4回KAJIMA彫刻コンクール金賞、その他受賞作多数。

大塚文子（おおつか ふみこ）

元大阪大学総合学術博物館事務補佐員、二級建築士
船舶空調設計、プラント設計の企業に勤務後、学芸員資格取得をきっかけに、博物館に勤務。在職中に、京都造形芸術大学通信教育部・空間演出デザインコースを卒業。
「石膏で作るのですか?」という質問に、「作りませんか?」という返事で始まった今回の制作。恐竜のように、大きくて夢のある足跡を、残していければと思います。自分に誠実に、物を作ることにかかわっていきたいと思います。

山田万秀（やまだ まほ）

京都造形芸術大学 立体造形コース在籍
“過去に存在した生物”という、造形するうえで手がかりの少ない中で制作するのはとても苦労しました。見てくださる方々、特に子どもたちの想像力を引き出す手助けができればと思っております。